# 7号人轻松粘土手账

## 猴子酱的日常萌物

7号人　糖果猴　著

机械工业出版社
CHINA MACHINE PRESS

这是一本"猴子酱"和她的"小喵"的粘土日常物语。用手账的形式，记录日常生活小事，同时设计出充满创意的粘土形象，教你制作装饰生活的小作品。粘土制作教程由简到繁，配以大量的步骤图，让你循序渐进掌握制作方法。学习粘土制作的同时，还能了解手账的制作小技巧，让学习手工的过程更加有趣、有爱。本书中所有粘土形象均为7号人原创，作为粘土领域影响力最高的达人之一，7号人整体粘土作品的品质得到了诸多国际文创品牌的认可。

## 图书在版编目（CIP）数据

7号人轻松粘土手账：猴子酱的日常萌物 / 7号人，糖果猴著. — 北京：机械工业出版社，2017.2
ISBN 978-7-111-55941-2

Ⅰ.①7⋯ Ⅱ.①7⋯ ②糖⋯ Ⅲ.①粘土 – 手工艺品 – 制作 Ⅳ.①TS973.5

中国版本图书馆CIP数据核字(2017)第012514号

机械工业出版社（北京市百万庄大街22号 邮政编码100037）
策划编辑：谢欣新 孟 幻 责任编辑：谢欣新
封面设计：吕凤英 责任校对：张 薇
责任印制：李 洋
北京新华印刷有限公司印刷

2017年3月第1版·第1次印刷
145mm × 200mm·3.875印张·173千字
标准书号：ISBN 978-7-111-55941-2
定价：29.80元

凡购本书，如有缺页、倒页、脱页，由本社发行部调换

电话服务 网络服务
服务咨询热线：（010）88361066 机工官网：www.cmpbook.com
读者购书热线：（010）68326294 机工官博：weibo.com/cmp1952
（010）88379203 教育服务网：www.cmpedu.com
**封面无防伪标均为盗版** 金书网：www.golden-book.com

这个小女孩儿
就是猴子酱

# 前言

　　从2000年开始创作粘土形象和教程，笔者至今已完成了成百上千个作品。创作这些粘土的过程，笔者始终认为是最为神秘有趣的。为了把这份乐趣传递给各位土友，笔者决定用手账的形式来创作编排，以便让大家全方位地体会粘土创作的全过程。在这本书中，笔者为大家设定了一位可爱的粘土形象—"猴子酱"，她将和自己的爱宠"小喵"一起，带领大家进入一个精彩详尽的可爱粘土制作教程，让学习粘土手工的过程变得有趣、有爱。其实大家有没有感觉，自己就是书中的主人公呢—那个机智又美丽，文艺又友善的小美女。希望这本书能让大家爱不释手，更希望这本书能为大家带来快乐。

7号人

2017年3月

那边藏起来的
是"小喵"

# Introduce

2017年1月1日

大家好，我就是桌子再乱也不收拾的猴子酱。

喵~

HAPPY

这本手账记录着我和小喵的粘土日常物语，如果你也爱粘土，
如果你也爱手账，那么不妨翻开看看，
也许我们就这样成为朋友了。
这本手账记录的是我制作的装饰生活类的粘土小作品，希望大
家喜欢，那么我们开始吧！

小喵~小喵~
看，这些都是我喜欢的卡通形象哦！
他们都是粘土做的~

猴子酱手账中介绍的粘土作品主要使用的是超轻树脂纸粘土和美国软陶土。现在我们简单了解一下这两种粘土的特点吧。

超轻树脂纸粘土：
这个名字好长啊！其实我们一般叫它超轻纸粘土（教程中简称为"粘土"），这里为了让大家明白里面含有的材质用了它的全名。

超轻树脂纸粘土

图中包装上写着
"CLAY"（粘土）的是韩国进口的超轻树脂纸粘土，猴子酱只用这个牌子的，因为它塑性好，颜色正，作品不会变形开裂，而且一包50克，用量也刚刚好。
这款粘土是自然风干的，不需要烤制，一个作品大概一晚上就彻底干燥了，非常适合初学者。

美国软陶土：

它是需要烤制的粘土，手感比超轻纸粘土硬很多，不太适合初学者，操作起来比较困难。但是它也有优点啊，它比较适合做耐用的饰品，比如项链、钥匙链；而且有很多特殊的颜色，比如半透明、珠光色系，或者金属色，所以也是猴子酱绝对不会舍弃的粘土之一。

当然，粘土的种类远远不止这些，比如还有做BJD娃娃（球形关节娃娃）和人偶用的石粉粘土和补土，可以做生日蜡烛的蜡烛土和能做成可以用的肥皂的肥皂土等各式各样、功能各异的粘土，这些粘土等日后在猴子酱的其他书中再细细介绍吧！这本书里，我们先从这两种基础粘土开始。

美国软陶土

**不同比例的白色和黑色可以混成不同程度的灰色**

通过这个图例大家就会明白，少量的深色粘土加上浅色粘土就能让粘土颜色有比较明显的变化，所以在制作粘土作品时一定要把握好调色的比例。

上是白色8:1黑色，白色4:1黑色，白色2:1黑色，白色1:8黑色的混色效果。

无论是超轻树脂纸粘土还是美国软陶土，都是可以混色的，所以我们先稍微了解一下混色的技巧。这里就教大家一个三间色的混色原理。

如图：红色加黄色就是橙色，红色加蓝色就是紫色，黄色加蓝色就是绿色。

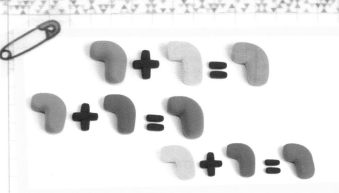

好吵！
能不能让我好好地睡觉

Month

Week

**1.** ----- **Look at me** -----

这些是很厉害的宝贝哦！它的名字叫基础三件套。其中刀形工具是我日常用得最多的。

个人觉得工具太多很容易影响到做东西的思路，所以基础工具我基本就只用这套。

**2.**

还有这个——钳子，这个非常常见，在做需要骨架的东西时，它就派上用场了。还有一些作品里需要用到金属链子之类的材料时，它就大显身手了。我可爱的小钳子还是粉色的呢，是不是很美？

----- **Look at me** -----

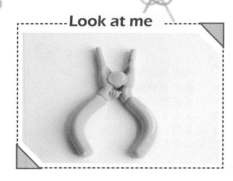

**3.** ----- **Look at me** -----

这个东西叫作球形工具，做翻糖蛋糕时常会用到。而它们也非常合适作为粘土工具，方便做出一些需要压出圆形凹槽之类的造型。

这种工具和球形工具很相似，但是头上的圆球更小，我叫它细节笔，它用来制作非常细小的部位，可以代替手指，并且不会戳破粘土的表面。除此之外，它还有很多特殊的用途，将来会介绍给大家的。嘻嘻！卖个小关子。

➡ ➡ ➡

**4.**

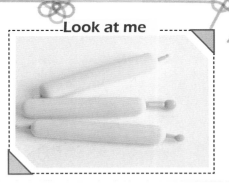

这个，是刀片君！相当的锋利，我记得小时候我妈就用这个给我削铅笔，当时虽然有转笔刀啥的，但是我妈就爱用这个，后来它被我用来切割粘土了，切面非常工整，是我比较心爱的工具之一，但是，特别提示：一定妥善保管！有一次我不知道把它放在哪里了，一直忐忑，忐忑到现在……

**5.**

擀泥棒大家不稀奇，不过我用的是不锈钢擀泥棒，这个是在做大面积片状作品时会经常用到的工具。有个秘诀告诉大家，这个东西不能像擀面那样来回擀，要擀一下停一下，否则粘土都黏在上面拿不下来，也不会变成平整的一片。大家有机会试验一下就知道我说的意思了。

**6.**

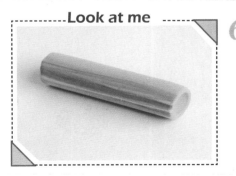

它叫插板，就是把做好的作品底下插一个骨架，然后插在这个插板上晾干。这样做是为了避免作品四周被挤压，它们可以漂亮地风干。

其实好东西还很多，我们在以后的书里会陆续为大家介绍。

**7.**

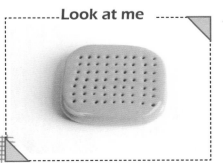

*P8* 好想和
大猫咪一样
懒懒的

*P10* LOVE LOVE
项链
安慰"单身汪"

*P12*

最近大家都在看什么 新剧~

—— 电视机冰箱贴

(*ˆ一ˆ*)

o(∩_∩)o

袜控！*P14*

—— 袜子别针

*P16*

请带我离开随便去哪里，
有种心情叫作放空！
—— 出租车相框

| Thursday 四 | Friday 五 | Saturday 六 | Sunday 日 |
| --- | --- | --- | --- |

P20

论管道工和男朋友的重要性！
——超级马里奥

P26

洗澡会让心情变好！
——香皂、洗发水、洗面奶 摆件

看到麋鹿想到了小时候的圣诞节

P30

—— 麋鹿宝宝

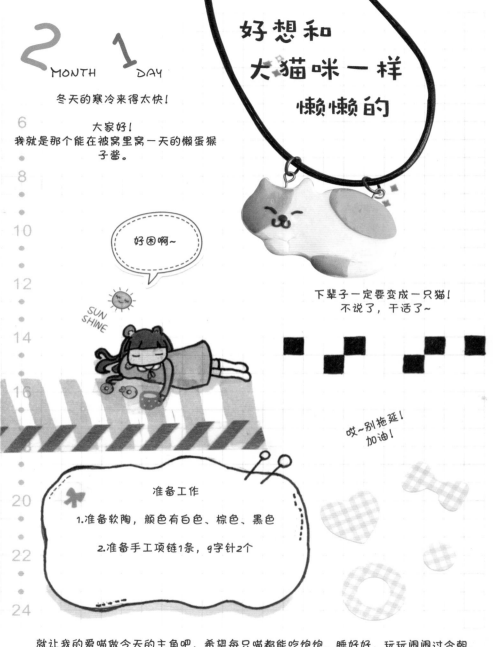

# 2 MONTH 1 DAY

## 好想和大猫咪一样懒懒的

冬天的寒冷来得太快!

大家好!
我就是那个能在被窝里窝一天的懒蛋猴子酱。

好困啊~

SUN SHINE

下辈子一定要变成一只猫!
不说了,干活了~

哎~别拖延!
加油!

准备工作

1.准备软陶,颜色有白色、棕色、黑色

2.准备手工项链1条,g字针2个

就让我的爱喵做今天的主角吧,希望每只喵都能吃饱饱、睡好好,玩玩闹闹过今朝。
不说了,去铲屎了!

1.先将白色的软陶揉成圆形。
2.将软陶捏成猫咪蜷着身体的样子。
3.捏出耳朵、尾巴等细节。
4.用棕色的泥片做猫身上的花纹。
5.用黑色的泥线做五官。

6.将g字针用钳子剪短,插入身体。
放入烤箱烤制。
7.在g字针上装上连接金属圈。
8.将项链绳穿进金属圈里,项链完成了。

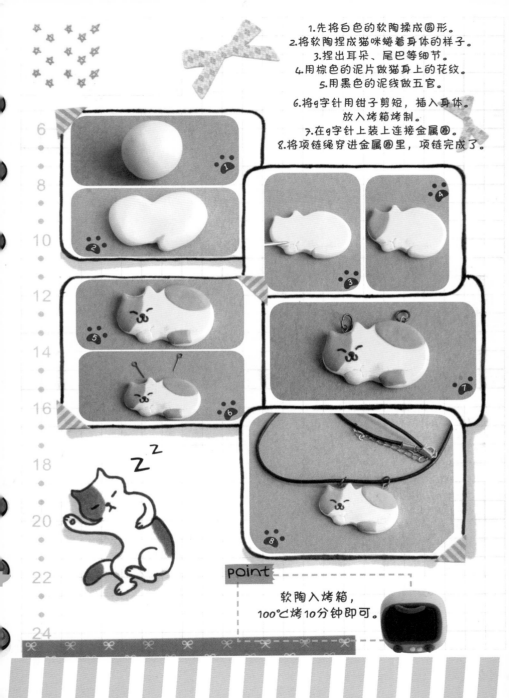

point

软陶入烤箱,
100℃烤10分钟即可。

**LOVE**

2 MONTH 14 DAY

一起挤挤吧

LOVE

LOVE LOVE
项链
安慰"单身汪"

a

b

c

d

WHY?!

嗨！又是一个"虐狗"的日子，我就是含着泪
也要做粘土的猴子酱，这样的日子里，只有和小喵
一起挤挤才觉得不冷，我来做点什么安慰自己呢？
哈哈，说得好凄凉，我还有大家啊，现在就开始吧！既然今天是
个特别的日子，我也应个景儿，做个"LOVE LOVE"项链吧！

准备工作
1.白色、黑色、红色软陶
2.金属链、g字针、金属环

a.揉出一个泥条。
b.将泥条等分成4块。
c.将小泥块捏成方块。
d.用尖头的工具穿出一个洞。

**point**

用白色软陶时要保持手指的清洁，大家可以放一块白色的湿布在手边，随时清理
手上多余的颜色和灰尘。

e. 心形的制作分为4个小步骤。

我们先揉出一个圆球，然后将圆球捏成扁片，接着再用刀形工具压出凹槽，最后用手将边缘整理成型。将做好的心形粘在白色方块上。

f. 将黑色的软陶揉成细线。

将软陶围成字母“L”“V”“E”，然后将这些字母粘贴在白色的软陶方块上。之后给软陶块穿孔。这一步要注意穿孔的方向和字母的方向，以免做成的项链字母朝向不对。

g. 将做好的“LOVE”放到烤箱里，温度100℃，烤制10分钟。

h. 用9字针将字母都连接起来。

i. 将连接起来的字母两端用连接环串起来。

j. 最后按自己需要调整金属链子的长度，将它连接在做好的“LOVE”上，一条充满爱的项链就做好了。

**point**

软陶入烤箱，
100℃10分钟即可

你有没有被这样一个手作治愈？
我现在要带上它出去喽！

准备工作：
1. 红色、黑色、灰色粘土
2. 3M背胶磁铁一块

第1步，将红色和黑色的粘土按照如图比例捏成两个圆角的长方形，将黑色的长方形粘贴在红色的方形之上，位置略偏左。

第2步，制作老电视机的功能按键部分。我们先用灰色的粘土制作一个细条，粘在黑色粘土的右侧；用刀形工具在灰色的泥条上端压出两个凹槽，作为调台和声控旋转钮的位置；用针状工具在下半段工整地扎出播放孔，最后制作出调台和声控钮粘在相应位置。

point

想将这个作品做得漂亮，我们需要将每个步骤的粘土造型都捏得工整。

12

# 最近大家都在看什么新剧
## ——电视机冰箱贴

大家好，我就是那个"换一部剧，换一个老公"的迷妹猴子酱，有时候还真怀念那个频道不多却满怀期待地坐在电视机旁等待节目的年代。今天做一个复古电视机冰箱贴怀旧一下。

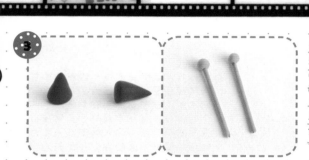

**3** 第3步，制作老式电视机的底座和天线。底座用黑色的粘土揉成圆锥形，由于我们制作的是平面的冰箱贴，所以底座做2个就可以了。然后是做灰色的天线，将灰色的粘土均匀地揉搓成泥线，然后从中间剪断，再在顶端捏两个灰色的泥球，就可以了。

**4**

**5** 第4步，先用灰色的粘土制作电视机屏幕的部分，粘贴在之前做好的电视机底部，然后在顶部左侧粘贴两个灰色的天线插口，再将天线略向外侧摆放后粘贴在灰色插口的位置。

第5步，用白色的粘土在电视机灰色屏幕上制作高光效果，最后用3M磁铁将制作好的电视机粘贴起来，贴在冰箱上等待它慢慢自然风干就好了。

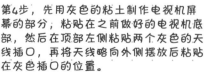

13

_love_

# 袜控!

## ——袜子别针

2 MONTH 17 DAY

好冷呀，我就是天气一冷就靠厚袜子保暖的猴子酱，可能因为工作起来就长时间不动，猴子酱的手脚总是冰凉的，这个时候就该袜子君登场了。猴子有好多漂亮的厚袜子，今天就用袜子作为主角做一枚胸针，表彰它们在冬天为猴子做出的重大贡献吧！~

**1.2.3** 首先将米黄色的粘土粘贴在胸针上，用手将粘土推平，呈均匀的圆盘状，然后用棕色的粘土搓出一条泥线，按上图效果粘贴在圆盘的上半部。

**4.5.6** 接下来开始制作袜子的部分。首先将橘黄色的粘土捏成泥条，然后用刀形工具顺着压出4道条纹，将压出条纹的橘黄色粘土围成反 "L" 形，接着用橘红色的粘土制作袜子的袜尖、脚后跟和袜桩的部分。

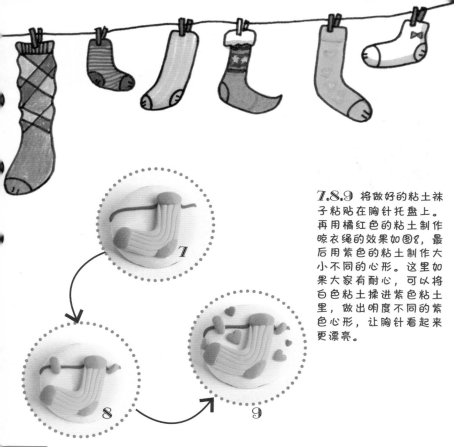

7.8.9 将做好的粘土袜子粘贴在胸针托盘上。再用橘红色的粘土制作晾衣绳的效果如图8,最后用紫色的粘土制作大小不同的心形。这里如果大家有耐心,可以将白色粘土揉进紫色粘土里,做出明度不同的紫色心形,让胸针看起来更漂亮。

**point**

制作胸针的时候一定要找好方向,猴子酱在制作胸针的时候就总犯这样的错误,辛辛苦苦地做好了才发现胸针别起来不是倒着就是斜着,哈哈,因为是圆形的东西,所以我们一开始就应该将它摆好位置,以免做完了才发现有问题。

我们都把袜子穿起来,好暖和!

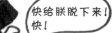

快给朕脱下来!快!

准备工作:

1. 米黄色、紫色、橘红色、橘黄色、棕色粘土

2. 胸针托

哎，我说天气不要这么配合我的心情好不好，给点太阳，让我暖和暖和吧~

**2** MONTH **18** DAY

请
带我离开
随便去哪里，
有种心情叫作放空
——出租车相框

猴子酱认为，冬天里的伤感是最冷的，此时又下了雨，那更是冷到痛彻心扉。若你还孤零零地在路上，会感觉自己已被遗忘，出租车只为陌生人带路，那么也请带我离开……

今天就再发挥一下粘土"2.5维"创作的魅力，做一款相框摆件，手头上有空相框的朋友们一起来吧。

**准备工作：**
1. 黄色、蓝色、白色、棕色、黑色粘土
2. 相框

**1**

1. 取出适量黄色粘土。

2. 将粘土揉成上端为圆角的长方形，下端则用压泥板推平。

**3**

**2**

3. 再如图2步骤，做一个小型的长方形。

4. 将小的长方形粘贴在大的长方形上端，作为出租车的主体。

**4**

## point

这里首次提到了压泥板。压泥板就是透明的有机塑料板，压粘土时比用手压得更加平整，适度地使用压泥板，可以使作品更加工整。不过我们仅在进行简单模块化的处理时使用压泥板，更高深的技巧还是靠我们的双手。

**5**

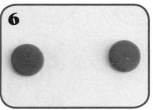

**6**

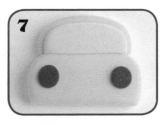

**7**

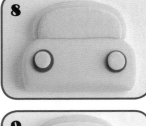

**8**

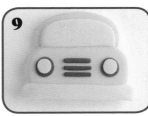

**9**

5. 用蓝色粘土制作车的风窗玻璃。

6. 用棕色粘土制作前大灯。

7. 将做好的大灯粘贴在车身左右。

8. 用蓝色粘土做车灯的玻璃部分。

9. 用棕色粘土搓成泥线，均匀地分为三段，作为汽车的散热孔。再用米黄色的粘土做保险杠。

10. 用黑色的粘土制作出租车的轮子，因为我们制作的是平面效果，所以制作前面的两个轮子即可。

11. 用黄色的粘土制作两个倒车镜。

12. 用黄色和棕色的粘土制作出租车的车牌。

13. 最后用白色的粘土制作高光效果。先用搓泥棒将白色的粘土压平，然后用刀片工具切出合适的长条，将白色长条粘贴在风窗玻璃处，再在两个车灯处捏出高光条。将上一步中做好的车牌粘贴在车顶部出租车就制作好了。

然后我们可以根据手里相框的风格进行粘贴。上面添加雨滴装饰还是云朵装饰，完全根据您个人的喜好自由发挥吧！

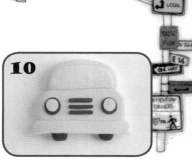

**10**

**11**

**12**

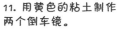

**13**

# 论管道工和男朋友的重要性！
## ——超级马里奥

　　今天家里的暖气管喷水了，迅速找到维修电话，很快就有管道工人上门帮我修理好了。管道工走后，我换下被水喷得湿淋淋的衣服准备泡个澡暖和一下，此时脑袋中竟然闪过了《超级马里奥》里管道工从大魔王手中拯救公主的桥段，于是就想象着，如果我有个男朋友，他遇见水管喷水是和我一样给维修工人打电话，然后狼狈地等着人家来救我们呢，还是会很男人地撸起袖子自己搞定？

　　这个问题我也问了闺蜜，得到的答案是，现在的独立女性只要有快递员和维修工电话，大体就能完美生活了，大家怎么看呢？

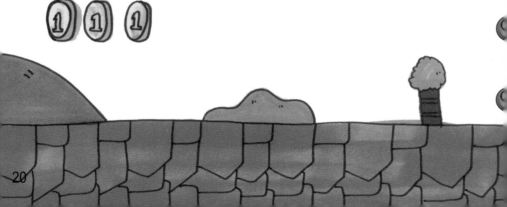

准备工作:
肤色、棕色、蓝色、白色、红色、蓝色粘土

## 第1-6步制作马里奥的五官

1. 首先是脸型,马里奥的脸型比较圆,如图1,我们制作的时候要注意将整个脸的中部压出凹陷以区分额头和下巴。
2. 用白色的椭圆泥球定位眼睛的位置。
3. 用蓝色和黑色的粘土制作瞳仁,用白色的圆点制作高光效果。
4. 用黑色粘土制作马里奥的眉毛,眉毛比较粗而且很弯。
5. 用黑色的粘土制作马里奥的大胡子,胡子用刀形工具压出凹陷,然后用手整理平滑。
6. 接下来是马里奥的大鼻子,大鼻子是他的特点,所以我们用很大一块肤色粘土来制作。之后再添加耳朵在脑袋的两侧。

point

想做好人脸需要多观察脸型、眉眼的位置,
如果没把握一次就做好,建议大家可以先在纸上画一下草图。

## 第7-14 步制作头发和帽子

7. 马里奥的头发是棕色的，我们用棕色泥条先制作两边的鬓角，鬓角下端用刀形工具压出两组效果。

8. 脑袋后面的头发同样用刀形工具将下端头发分组。

9. 将做好的头发粘贴在头的后面。

10. 取出红色粘土，用量比照头的大小。

11. 比照着头围，制作帽子的主体部分。

12. 将帽子的主体部分粘贴在头部上方，向下粘贴紧实。

13. 用白色圆形粘土作底，用红色粘土制作帽子上的"M"标记。

14. 最后用红色条状粘土制作帽檐的部分。

嗯，现在这个头还有点样子了！哈哈，制作的过程中大家要有自信哦！

制作人物的衣服时一般会用到长刀片或者剪刀，这样可以让衣服看起来更加工整。

## 第15-31步制作马里奥的身体

**29**

15. 将红色粘土揉成球状制作马里奥的上半身。

16. 用蓝色粘土制作马里奥的裤子，将蓝色的粘土压平，然后用剪刀剪出如图16的样子。

17. 将剪好的蓝色粘土与红色的球状身体粘贴在一起，效果如图。

18. 剪出两条大小相等的蓝色泥条作为背带裤的背带部分。

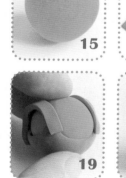
**15**

**16**

**17**

**18**

**19**

**20**

**21**

**22**

19. 将背带按照如图效果粘贴在红色粘土上。

20. 用蓝色粘土制作裤腿的部分。Q版马里奥腿比较短。

21. 用棕色粘土制作马里奥的大鞋子，将其揉捏成胖胖的两颗之后再让中间凹下去，形状比较像两颗黄豆。

22. 将制作好的鞋子组装在裤子下方。

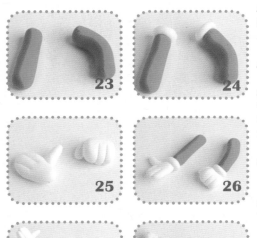

23. 用红色粘土制作胳膊。先搓成两个粗细一致的泥条，然后将其中一只胳膊弯曲一些。

24. 给胳膊做上白色的袖口。

25. 制作马里奥的手。马里奥是带白色手套的，手指只有4根，用刀形工具压出手指的痕迹。大拇指用剪刀剪出来，然后向外掰开，形成如图25的姿态。

26. 将竖起大拇指的手组装到直的手臂上，将握拳的手装到弯曲的手臂上。

27. 将制作好的手臂组装到身体上，造型如图27。

28. 用黄色的粘土制作裤子上的黄色扣子。

29. 将头和身体组装在一起。

30.31. 为马里奥做了一个绿色的水管道。大家可以根据喜好决定是否添加。

做完马里奥以后我觉得，还是自己变身成马里奥最好，因为在现实生活中靠别人，不如靠自己，是不是？哈哈！不过这只是猴子酱的个人观点哦。

# 洗澡会让心情变好！

——香皂、洗发水、洗面奶摆件

别哭了，你猴子尾巴都露出来了！

6

10

12

1

22

YES

LA-LA-LA~

HAPPY BATH

MONTH 20 DAY

雨水会冲掉空气中的污秽，洗澡水会带来好心情。猴子酱不开心、想哭的时候会痛痛快快地洗个澡，洗完澡之后烦恼便消失了，精气神儿全回来了。你们要不要也试试？

那些香香的洗漱用品也是立下了汗马功劳，这里为它们做一套小摆件以资表彰，哈哈！

26

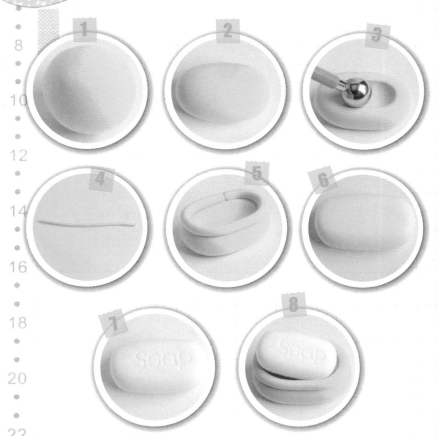

1. 首先用白色和红色粘土混合出粉色粘土。
2. 取出一部分粉色粘土搓成椭圆形。
3. 用球形工具在中间位置压出肥皂盒的凹槽。
4. 搓出一条粗细均匀的泥线。
5. 将泥线盘绕在做好的肥皂盒边缘。
6. 用白色粘土制作肥皂，将其搓成椭圆形。
7. 用针在粘土肥皂上刺上"soap"字样。
8. 将肥皂摆在肥皂盒上。

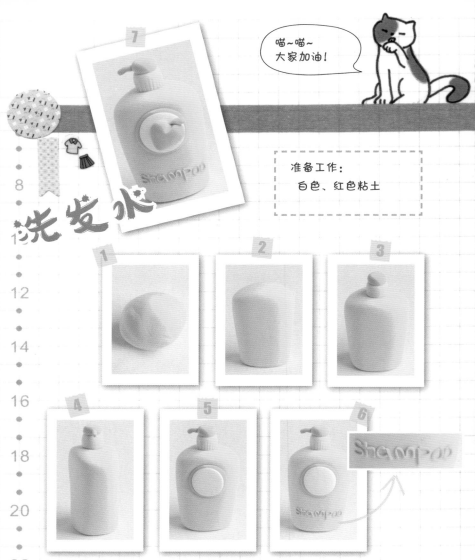

喵~喵~
大家加油！

准备工作：
白色、红色粘土

洗发水

1. 准备粉色的粘土团。
2. 将粘土捏成如图2的瓶状，如果没有办法直接捏出来，可以借助压泥板。
3. 在瓶口处捏一圆柱状粘土作为瓶颈，再捏一块深粉色粘土作为瓶盖。
4. 在瓶盖上加一圆柱形压嘴，嘴部用细节笔点一个出口。
5. 接下来制作瓶身上的标志。用深粉色粘土打底，然后添加白色的粘土圆片。
6. 用粉色的粘土搓搓成粗细均匀的细线，将细线在瓶身上盘绕出"shampoo"字样，这里会用到剪刀作辅助。
7. 这瓶浴液是桃子香味的，所以最后做一个立体的桃子装饰外观。这就是做粘土时的小乐趣，一个小小的创意会让作品变得更加可爱。

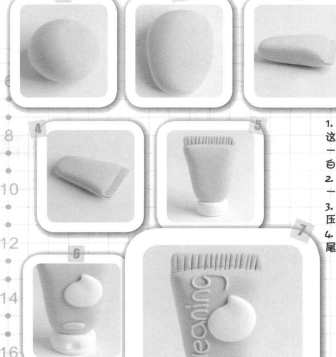

1. 注备好薄荷色粘土,
这个颜色是少量绿色加
一点点蓝色,再加大量
白色混合出来的.
2. 将混好色的粘土捏成
一个椭圆形。
3. 用压泥板将宽的一端
压扁。效果如图。
4. 用刀形工具在压扁的
尾端部分画出凹痕。

转圈圈,
洗白白,
变漂亮!

I am OK.

5. 用白色粘土制作瓶口部分, 然后用刀形工具将盖子顶端压出一圈分
割线, 仿佛瓶盖可以打开一样。
6. 用球形工具在分割线中部压出圆形凹槽, 再用粉色和白色的粘土装
饰瓶身, 效果如图。
7. 用粉色的粘土揉成细线,制作"cleaning"字样,洗面奶就完成了。

洗面奶

细小的字母非常难捏, 但是请耐心把它们做完, 你会发
现效果很棒的哦!

29

David's deer

# 看到麋鹿想到了小时候的圣诞节

## ——麋鹿宝宝

2 MONTH 21 DAY

猴子酱小时候很爱过圣诞节呢，还会准备好各式各样的贺卡送给每一个"小盆友"。那时候的零用钱不多，买贺卡的钱都是攒了很久才够的，所以挑选贺卡时格外认真，写贺卡时也特别用心，给每个人的祝福语都不重样。为了防止写错，还会先打草稿，斟酌好久才郑重地抄上去。收到回赠的贺卡也会非常仔细地读里面的内容。有时还会在众多贺卡中发现一个陌生的人名，一段新的友谊便从这次小小的问候开始了。那一笔一画中的仪式感，在当下这个一切追求快捷的时代，尤其显得珍贵呢！今天就做一只小麋鹿为大家献上一份真诚。

有时候觉得还是小的时候好，有时候觉得还是长大好，人真的好矛盾啊！

准备工作：

棕色、黑色、白色、红色、肤色、黄色粘土

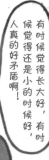

1. 麋鹿身体的颜色是浅棕色，是用棕色加黄色的粘土制作成的。将调好的浅棕色粘土揉成椭圆形，然后在如图所示的位置上压出凹陷，以区分鼻子和额头。

2. 用黑色的泥球制作眼睛，眼睛的形状是椭圆形，位置如图2所示。

3. 选择合适的细节笔，做出麋鹿的鼻孔。

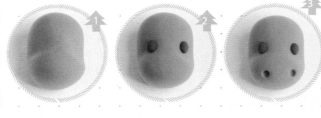

4. 用肤色的粘土和浅棕色的粘土制作麋鹿的耳朵，耳朵呈三角形，用来做内耳廓的肤色三角形制作得小一些。

5. 将制作好的麋鹿耳朵组装到头顶，注意耳朵方向朝外。再将白色粘土粘贴在黑色眼睛上制作高光效果。

6. 用棕色粘土制作鹿角。效果如图所示。

## point

在混色时，很多时候想让颜色变浅，并不是要加白色。大家可以试着添加同色系的明度高的颜色来降低深浅度，效果会更好。

7. 开始制作身体。身体的部分是用"十字压花"法制作的，在制作Q版动物时都是这样处理四肢的。大家如果读过《7号人轻松粘土魔法书——开心农场篇》一定会知道这个制作方法。

8. 将压出来的十字区域向外拉伸形成四肢。

9. 用黑色粘土制作麋鹿的蹄子。

10. 用制作耳朵的方法制作尾巴，为了让整个造型充满活力，尾巴要向上翘起。

11. 最后给麋鹿装饰上一条红色的围巾，围巾用红色的粘土压成泥片，然后用刀片工具裁切出工整的形状，效果如图11所示。最后将头和身体组合在一起就可以了。

1 2 3 4
5 6 7 8
9 10 11 12

有一种运动叫"谁也赢不了" P36
——乒乓球拍项链

有时天空也会哭泣
——"云的泪"

P38

P42

说好的大餐呀，
快到我的碗里来！
——寿司便签夹

又是春暖花开时
——小熊掌多肉摆件

P46

START →

看电影
——爆米花钥匙链

P50

P54

因为太可爱
——泰迪熊摆件

# 有一种运动叫"谁也赢不了"
## ——乒乓球拍项链

中国队又赢了！大家好，我就是一看乒乓球比赛就会手舞足蹈的猴子酱。今天就为伟大的国球做一个项链坠吧！

准备工作：
1. 白色、黑色、红色、米黄色软陶
2. 金属链、g字针、金属环

**5**

**1**

**2**

**3**

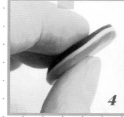

**4**

1. 玩过乒乓球的一定都注意到乒乓球拍是一块木板两面粘着不同颜色的橡胶，我们首先用红色的软陶制作乒乓球拍的一面。先将软陶揉成圆形后压扁，用刀形工具切割出如图1的效果。

2、3. 分别使用黑色、米黄色粘土按步骤1的方法进行制作。

4. 将三片制作好的软陶黏合到一起。

5. 通过整理，尽量让软陶的边缘变得整齐。

## point

做三个颜色不同形状相同的东西，还是挺考验大家的，给个小窍门，就是先将不同颜色的软陶揉成三个大小一致的圆球后再开始制作，这样只要保证厚度一致，最后的成品就能大体一致。

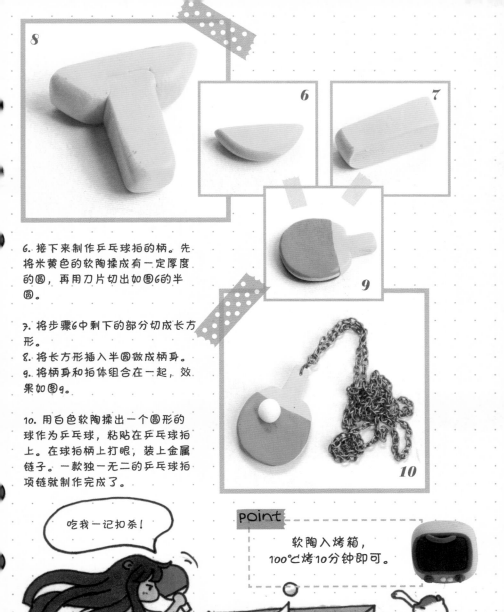

6. 接下来制作乒乓球拍的柄。先将米黄色的软陶揉成有一定厚度的圆，再用刀片切出如图6的半圆。

7. 将步骤6中剩下的部分切成长方形。

8. 将长方形插入半圆做成柄身。

9. 将柄身和拍体组合在一起，效果如图9。

10. 用白色软陶揉出一个圆形的球作为乒乓球，粘贴在乒乓球拍上。在球拍柄上打眼，装上金属链子。一款独一无二的乒乓球拍项链就制作完成了。

吃我一记扣杀！

point

软陶入烤箱，100℃烤10分钟即可。

小喵，我觉得这片云在哭诶！

4 MONTH 3 DAY

# 有时天空也会哭泣

—— "云的泪" 珍珠项链

风将云吹到了这片天空，不知是因为什么，风走了，云留了下来。或许是离别的悲伤，云流下了眼泪，如珍珠般一颗一颗落在我的掌心，我对小喵说："你看！我接住了云的泪滴。"

今天我们就把云的泪滴做成珍珠项链，来纪念这次美丽的邂逅。

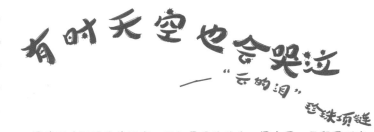

1. 取出白色软陶，将软陶揉成椭圆形，注意不要有褶皱。

2. 用万能棒在四周压出不均匀的凹槽。

3. 用手将凹槽的边缘整理成平滑的弧线，制作成可爱的云朵形状。

准备工作：

1. 白色、黑色、红色软陶

2. 金属链、g字针、金属环、珍珠、球形针、万能棒

point

使用白色粘土时，请洗干净手，然后准备一块微微潮湿的并且不会掉毛的干净棉布，随时保持手部的清洁。

4. 用黑色的软陶制作云的眼睛。

5. 用红色软陶加白色软陶做出粉色软陶，将粉色软陶揉成细线，用刀片工具切成6小段，然后按照三段一组的形式，粘贴在眼睛下方，作为小云朵的红脸蛋。加上红脸蛋的云朵是不是可爱了几分？

**point**

我这里用到的是真的淡水珍珠，因为平时做手工，习惯性地攒了一大堆零七八碎的东西，大家平时也可以随手攒一攒小杂货，没准什么时候就派上用场如果没有珍珠，可以看看那些不戴的首饰上可不可以拆下作为装饰的东西，没准更合适，更漂亮呢！

6. 主体部分做完以后我们来做珍珠配件的部分。珍珠是贯通孔的，所以需要用球形针来固定。

7. 将球形针穿过珍珠。

8. 将球形针长的那头围成圈，剩余的部分缠绕起来，珠链的一端套在球形针围成的圈上，另外一端用9字针连接。

9. 将9字针插入云朵的内部之后放入烤箱。

10. 烤好后穿上金属链，项链就制作完成了。

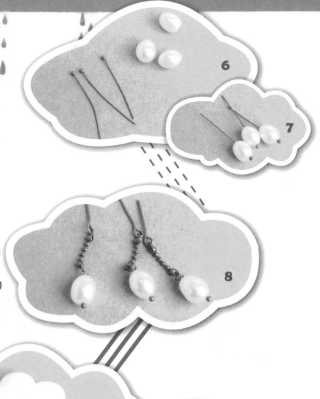

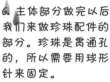

point

软陶入烤箱，
100℃烤10分钟即可。

41

# 说好的大餐呀，快到我的碗里来！

——寿司便签夹

寿司

WOW

今天这一顿，我已经惦记了好几天了！表哥请客真好啊，小喵，我们放开了吃！

**4** MONTH **5** DAY

咕叽咕叽！我就是在吃好吃的的时候绝对不和你说话的馋猫猴子酱。等我吃够了再开始做粘土

准备工作：1. 白色、黑色、橘红色粘土
2. 便签插

**1**

首先捏一个白色的椭圆作为军舰寿司里的米饭团。

**2**

然后将黑色的泥搓成图中的长条。

**3**

将黑色的长条围在白色的泥团上。

**4**

搓出若干个橘红色圆球作为鱼子。

**5**

将橘红色圆球放入预留出来的凹槽里，顶端的鱼子摆得有点秩序，再用白色粘土在个别鱼子上做出高光效果。

做个便签插感谢大表哥请我们吃寿司！

**6**

最后插上便签插，完成！

觉得自己好像
寿司师傅啊!

1.

准备工作：1. 白色、橘红色粘土
2. 便签插

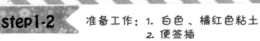

2.

首先用白色的粘土揉出若干颗
粘土米粒。

将粘土米粒粘贴在椭圆形的白
色粘土上。

3.

用橘红色和白色粘土捏成泥
条，排列成图中的效果。

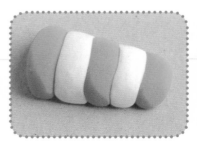

将排列好的泥条粘在一起，垫
在手指上整理出弧度。

4.

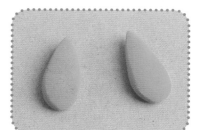

用橘红色粘土捏出两个水滴形
做虾尾巴。

再做两个小的白色水滴形尾巴
粘贴在橘红色尾巴上。

5.

step7-8

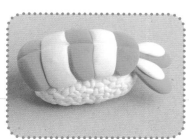

用刀形工具压出中间的虾线。
把尾巴粘贴在较细的一端。

然后将其整个盖在白色的米饭
团上,寿司的部分就制作完成
了。

6.

step9　　最后将便签插插在寿司上。

point

尽量在粘土作品晾干了以后再插便签插,
以防导致主体造型变形。

7.

又是春暖花开时
—— 小熊掌多肉摆件

6

**准备工作：**
1. 白色、绿色、棕色的粘土
2. 仿真绒毛

12

14

16

18

20

22

24

第三层

**1**

**2**

**3**

**4**

1. 首先准备白色的粘土，揉成圆球用来制作花盆。

2. 将白色的粘土用球形工具压出凹槽。

3. 将棕色的粘土揉成小颗粒制作出沙土的效果。

4. 将棕色小颗粒填充在白色的花盆里。

森ガール

47

制作多肉小熊掌时，我们要将每个叶片都
做得很饱满才会可爱！

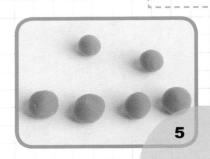

**5**　**6**

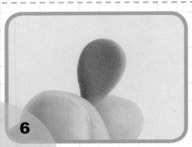

**7**　**8**

5. 准备绿色的粘土，揉成3个型号的圆球用来制作花瓣，每种型号各2个圆球。

6. 将每个小绿球都制作成如图6的水滴形。

7. 用万能棒在宽的一端压出4个凹痕，将其边缘整理平滑。

8. 在5个凸出的部分用棕色粘土做成尖尖的爪子尖，现在是不是有点熊掌的意思了？

9. 将刚做好的还有些湿润的粘土叶片放进仿真绒毛的瓶子里，拿出来后轻轻吹散多余的绒毛。

10. 将最小的一对叶片放在花盆的中心。

11. 将中号叶片按如图所示的位置插入花盆。

12. 将最大的一对叶片插入花盆，小熊掌多肉就制作完成了。

sweet things

# 看电影
## ——爆米花钥匙链

**4** MONTH **9** DAY

咔哧，咔哧！我就是看电影不吃爆米花，就觉得好像少点什么的猴子酱。不知道你爱不爱爆米花，反正猴子酱是爱得不得了了。今天就决定做"POP CORN"（爆米花）经典钥匙链了。

准备工作：

1. 白色、红色、黄色、棕色软陶
2. 手机链

part1

part2

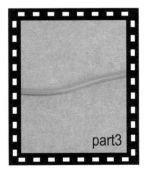

part3

**part1** 将白色软陶捏塑成立方体。

**part2** 再取出一部分白色软陶擀压成泥片，用刀片将其裁切成长方形。

**part3** 将红色的软陶搓成粗细均匀的泥线。

**part4**

**part5**

**part6**

**part7**

**part8**

part4 将红色的泥线切成3等份，均匀地摆在白色的长方形泥片上。

part5 用擀泥棒 将泥条压入白色的软陶中，效果如图，用吸管在顶端切出弧形波浪果。按此步骤制作4片泥片。

part6 将做好的4片泥片围在之前做好的白色立方体四周，完成爆米花的盒子。

part7 用圆形的软陶制作logo的底部。

part8 将做好的logo底部贴在盒子的一侧。

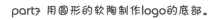

**part9**

**part10**

**part11**

**part12**

**part13**

point

软陶入烤箱，
100℃烤20分钟即可。

part9 开始制作爆米花。爆米花的颜色是用白色加上少量黄色和棕色调出来的。将混合好后的米黄色软陶揉成小圆粒，每5粒粘贴在一起，然后在底部粘贴上棕色软陶制作出爆开的效果。

part10 将做好的爆米花堆放在盒子上，用工具将它们压紧。

part11 可以用画笔给爆米花添加一些白色的高光点。

part12 将红色的软陶揉成细线，盘绕出爆米花的英文"POP CORN"。

part13 最后将钥匙链插入作品中，注意要插得巧妙一些，以免影响整体效果。

# 因为太可爱

## ——泰迪熊摆件

4 MONTH 3 DAY

　　我并没有特别喜欢毛绒玩具，自己从没主动买过，但却有那么一只毛绒泰迪熊一直让我心心念念，那是我初中开始住校时妈妈送给我的。说来我的求学生涯还挺"颠沛流离"的，从初中到大学一共待过5个省份，住校之后待在家里的时间便少之又少，但那只可爱的泰迪熊一直陪在我身边。无论换到什么环境，只要躺在床上靠着它，心里就踏实下来了。

　　我渐渐长大，不知道什么时候它已经不再陪在我身边。人啊，总是在忙碌中丢失掉一些珍贵的东西，回头再寻找早已不在，只能空留遗憾。现在，每次在街上看到摆放着泰迪熊的橱窗我都会停下望上一会儿，好像这样便能减轻一些对它的思念。

　　是不是你的记忆深处也有这样的东西存在呢，它或许是一件物品，或许是一个味道，又或者只是一段声音……

就让泰迪熊做今天的主角吧，
谁让我又想起它来了呢！

麻麻！

准备工作：
棕色、黑色、红色、白色、黄色的粘土

55

a

b

c

d

g

e

f

a：将棕色的粘土揉成圆形。

b：用七本针做出肌理效果。

c：用白色粘土加上少量黄色和棕色粘土混出米黄色粘土，捏成如黄豆般的形状粘贴在球形的中下部作为鼻子和嘴巴凸出的部分。

d：用美工刀压出嘴巴和鼻子的轮廓。

e：将黑色粘土捏成小三角形作为泰迪熊的鼻子。

f：用黑色粘土制作眼睛，眼睛的位置如图所示。

g：制作两个小圆球用七本针做出肌理，粘贴在头部两侧偏上的位置，作为泰迪熊的耳朵。

好相处吧！

小喵，和熊熊好

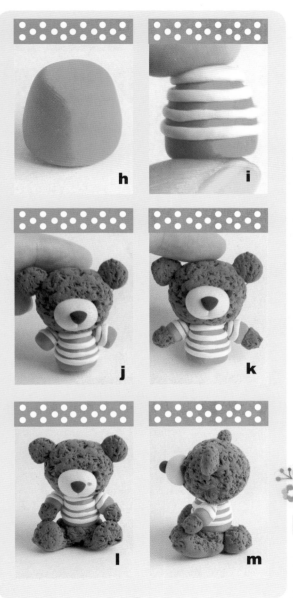

h：开始制作身体。将红色粘土捏成一个圆柱体，上窄下宽。

i：用白色泥条在身体上做出装饰条。

j：接下来制作胳膊，胳膊上也有两圈白色装饰条。

k：用七本针和棕色粘土制作袖子外露出来的手臂。

l：用七本针和棕色粘土制作出屁股和腿，腿部为坐姿。

m：最后加上一团小尾巴。

## point

运用七本针可以制作出丰富的肌理效果。但需注意使用时捏着作品的手不要太过用力，否则会导致肌理效果被手指压平。

1　2　3　4
5　6　7　8
9　10　11　12

P 60

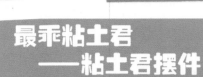

# 最乖粘土君
## ——粘土君摆件

## 鱼儿水中游

——小金鱼摆件

P 62

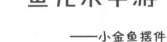

闹别扭

——小鸟别针 P 64

| Thursday 四 | Friday 五 | Saturday 六 | Sunday 日 |
|---|---|---|---|

P66
Yellow Submarine
——黄色潜水艇摆件

P72

I believe
I CAN
fly

大飞机带我去英国
——大飞机钥匙链

P76
希望你自由—
小鲸鱼项链

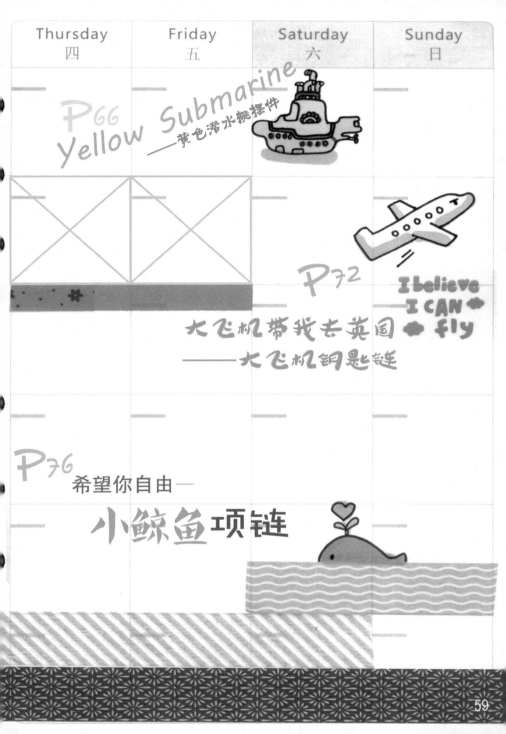

59

如果让我形容粘土，于我而言意味着什么我觉得它是我内心的一面镜子，我平静或愉悦时捏它，它便顺从乖巧，很快便成了我想要的样子；如果焦躁、愤怒时捏它，那么往往会做出一个看起来别扭的作品，但有时候我因为心情不好把作品捏个稀巴烂，可也会发现不知怎么的那股气儿也随之发泄了出去，心情变得平静了许多。我可不是说我拿粘土撒气啊，可是它就是这样的存在，会让我心情平静，就好像"Think of nothing things,think of wind"，也许我们没有那份心境去想风，但是我们可以玩玩粘土，这也未尝不是一种心境。

1. 粘土君是蓝色的，它为什么是蓝色的呢？没什么为什么；就像我们想到海水就是蔚蓝色的一样，哈哈！所以请准备蓝色的粘土，揉成圆球。

2. 将圆球进一步地揉捏成上窄下宽的形状作为粘土君的身体。

# 最乖粘土君
## ——粘土君摆件

3. 用白色粘土做眼睛，先揉成小圆，再按成扁片粘在身体的中间偏上位置。

4. 用黑色的泥条做成弯弯的笑眼。

5. 把吸管剪掉一半，在眼睛下方压出弯弯的嘴巴。

6. 用白色和红色粘土调出一些粉红色粘土给粘土君做红脸蛋。

7. 最后搓两个蓝色的泥条作为粘土君的胳膊，围在身体两侧。呆萌粘土君就制作完成了。

准备工作：
1. 蓝色、白色、黑色、红色粘土
2. 半根吸管

好受欢迎哦，粘土君~

## 5 MONTH 3 DAY

**step1**

先用红色软陶做
一个圆球。

**step2**

将圆球捏成椭
圆，用刀形工
具压出头部和
身体的分界
线。

**step3**

这里会用到吸管，借
助它将小金鱼身体上
的鳞片效果压出来。

吸管剪出豁口

**step4**

用球形工具
压出眼窝。

**step5**

揉出两个大大的白色
圆球放在眼窝里。

**step6**

用黑色泥条做笑眼，用红
色软陶做嘴巴，嘴巴用细
节笔压出"O"形。

# 鱼儿水中游
## ——小金鱼摆件

我觉得我们家小喵爱上了小金鱼。自从小金鱼来到家里后，小喵就日夜守着它。开始我以为它是想吃掉小金鱼，后来发现它经常对着小金鱼发呆……这样的爱真的可以么？

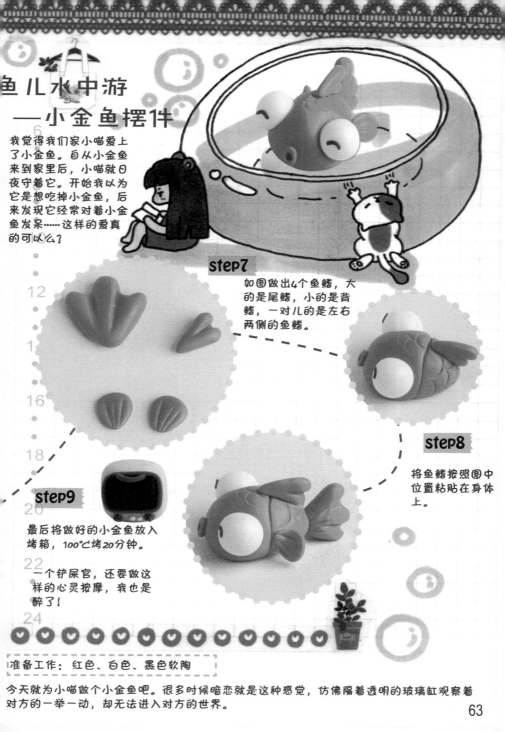

**step7**

如图做出4个鱼鳍，大的是尾鳍，小的是背鳍，一对儿的是左右两侧的鱼鳍。

**step8**

将鱼鳍按照图中位置粘贴在身体上。

**step9**

最后将做好的小金鱼放入烤箱，100℃烤20分钟。

一个铲屎官，还要做这样的心灵按摩，我也是醉了！

准备工作：红色、白色、黑色软陶

今天就为小喵做个小金鱼吧。很多时候暗恋就是这种感觉，仿佛隔着透明的玻璃缸观察着对方的一举一动，却无法进入对方的世界。

**I believe I CAN fly**

哼！~

准备工作：
1. 白色、黑色、橘黄色软陶
2. 手工别针

# 5 MONTH 4 DAY 闹别扭
## 小鸟别针

　　猫真心是个高傲的物种，它犯了错误还要我去主动道歉，否则绝对不理我。我也是奴性深了，乖乖道歉还一点不觉得有损颜面。

　　今天又是这样。小喵一直盯着我刚买回来的小鸟，出门前我把笼子放得好高，结果还是被它鼓捣开了。我回来发现鸟飞了，对它一通数落，结果它还生气了，这会儿都没理我，闹别扭的高手呀，然而惹祸的总能免责，最后搞得像是我亏欠了它，还得奉上罐头哄它。我找谁陪我的小鸟呢？

得了，我自己做个小鸟胸针作为纪念吧，这个总飞不走吧。喜欢的可以和我一起做，用它装饰围巾、领口都很文艺哦！

  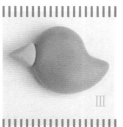

Ⅰ 先揉出灰色泥球，灰色是用白色加少量黑色制成的。
Ⅱ 将灰色软陶揉成片状水滴形，然后将尾部做成向上翘起的形状。
Ⅲ 将橘黄色软陶捏成一个圆锥形作为小鸟的嘴巴。

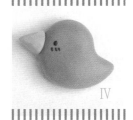 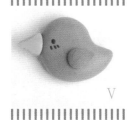

point

最后将做好的小鸟放入烤箱，100℃烤10分钟。

Ⅳ 用黑色小泥球做小鸟的眼睛，然后将黑色的泥球搓成细线，截取三段做小鸟的脸蛋。我们不用常规的粉红色是为了让它显得更文艺一些，粉红色太可爱了，哈哈！
Ⅴ 最后用灰色的粘土做翅膀，因为是别针，所以制作一侧翅膀就可以了。

point

有时我们在进行艺术加工的过程中，需要对颜色进行个性化定义，小鸟的毛色原本不是灰色的，但是因为灰色更能体现我当下的心情，于是便有了灰色的小鸟。所以大家进行创作的时候也可以试试，用颜色表达情感。

I don't care

好了，出来吧！

—黄色潜水艇摆件

炎炎夏日，
懂我的你，
复古的旋律，
还有什么比这个惬意！

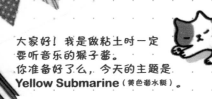

大家好！我是做粘土时一定
要听音乐的猴子酱。
你准备好了么，今天的主题是
**Yellow Submarine**（黄色潜水艇）。

Yellow
Submarine

In the town
where I was born
Lived a man
who sailed to sea
And he told
us of his life
In the land
of submarines
So we sailed
up to the sun
Till we found

the sea of green
And we lived
beneath the waves
in our yellow    submarine
We all live in a
yellow submarine
yellow submarine
yellow submarine

会唱的话就一起唱，
不会的回去听听啊!(*￣▽￣*)

科普一下;《Yellow Submarine》是Ringo Starr主唱的一首歌，收录于英国摇滚乐队The Beatles 1966年的专辑《Revolver》。

Beatles是谁不用我说了吧? 别说你不知道，真不知道就说明你比我年轻，哈哈!

5 MONTH 7 DAY

这个围栏比较细小，需要大家的耐心哦!

这里的颜色很丰富，而且结构比较复杂，但也是很出彩的地方，所以希望大家认真完成。

尾部的浆舵部分需要用到吸管，将其压成类似鱼尾的波浪形。

这两处的弧度请参照图片认真捏出来。

这条装饰线需要大家捏成粗细均匀的红线，那样做出来才工整、漂亮!

67

步骤比较多，大家加油加油！

准备工作：
1. 黄色、白色、红色、蓝色、棕色粘土
2. 吸管

## step1

首先揉出一个黄色的椭圆。

## step2

然后捏出潜艇前面的弧线。

## step3

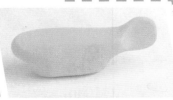

后面尾巴的部分像一条鱼。

### point

黄色潜水艇的船身是整体捏塑的，所以大家一定把它捏塑得尽量准确，由于我们制作的是卡通版潜水艇，所以整个艇身不需要做得那么长。

### step4

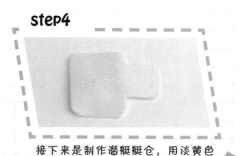

接下来是制作潜艇艇仓，用淡黄色粘土做成如图所示的扁片。

### step5

用球形工具将尾巴压凹，再把做好的淡黄色泥片贴在艇身上。

### step6

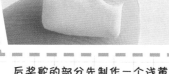

用淡黄色粘土做潜艇凸出的部分，形状如图所示。

### step7

将step6中制作好的部分粘贴在潜艇主体上。

### step8

后桨舵的部分先制作一个浅黄色泥条，再用吸管将一侧压出波浪形。

### step9

将做好的后桨舵组装在潜艇尾部。

喵！~

小喵说要坐在这里等着你们放弃，因为步骤太多了！
但我和它打赌，说你们一定会完成的，给你们一个大大的拥抱，帮你们加油、打气！
O(╯▽╰)O千万别辜负我！

**point**

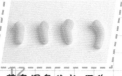

黄色泥条分成4组作为潜望镜。

顶端加上红色粘土作为装饰。

## step10

将潜望镜与主体组装起来，位置和效果如图所示。

## step11

围栏用红色的小泥棍制作。

围栏组装在潜望镜旁。

## step12

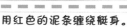

用红色的泥条缠绕艇身。

## step13

用棕色和黄色调出棕黄色，制作成泥片装饰潜水艇尾部和船头。

## step14

将浅黄色粘土压成扁片，用剪刀修剪成图中形状，制作艇身底部的结构。

## step15

将做好的两片粘土粘贴在艇身底部。

## step16

制作8个红色小泥粒作为窗户，贴在相应位置。

## step17

制作彩色的半圆窗户，具体造型如图所示。

## step18

最后制作红色小螺旋桨，安装在最下面。

坚持到这里的各位，给自己一个赞吧，真是不容易呀，给你们来个大大的拥抱！不过看到自己完成的作品，是不是很有成就感？

5 MONTH 9 DAY

哇哦！

# 大飞机带我去英国
## ——大飞机钥匙链

大家好，我是只要坐飞机就一定会吐得稀里哗啦的猴子酱！尽管如此，我却有着环球旅行的梦想！～
很多事情都是这样，必须克服困难才能迎来希望。这就是梦想的力量。
英国是猴子梦寐以求的圣地，因为少女时代喜欢的简·奥斯汀，因为学生时代疯狂痴迷的"哈利·波特"，还因为我想去亲历唐顿庄园的优雅和感受白金汉宫的皇室风范。
所以，我来了！
今天，就让梦想插上钢铁的翅膀，作为麻瓜，我没有办法移形换影，谢谢！大飞机，带我去英国！这次就做一个让我又爱又恨的飞机钥匙链吧。

A CHART
Illustrating the First Voyage of
VASCO DA GAMA

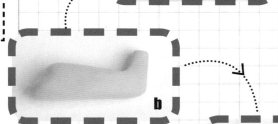

准备工作：
1. 白色、棕色、绿色软陶。
2. 钥匙链

a. 首先用大量的白色加上少量的棕色和绿色，调出飞机机身的颜色。

b. 将软陶拉伸成长条，然后尾端翘起来，前端压出飞机头和机舱的凹陷。

c. 看正面效果。

d. 用黑的软陶做飞机的眼睛。

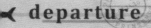

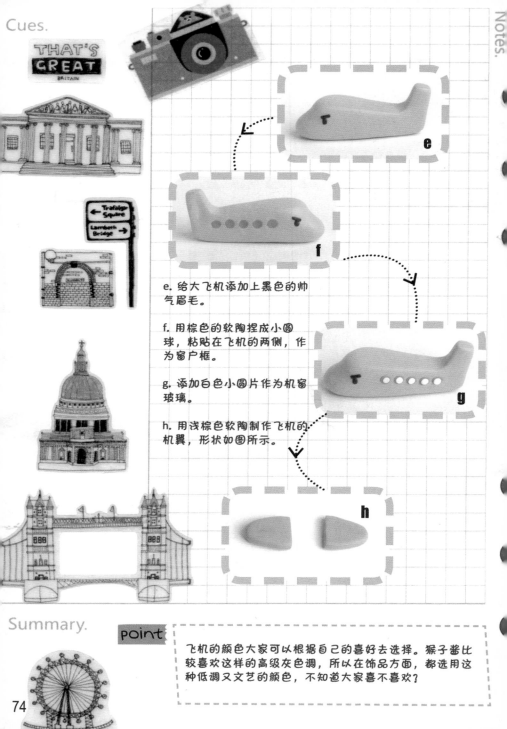

THAT'S
GREAT
BRITAIN

e

f

e. 给大飞机添加上黑色的帅气眉毛。

f. 用棕色的软陶捏成小圆球，粘贴在飞机的两侧，作为窗户框。

g. 添加白色小圆片作为机窗玻璃。

h. 用浅棕色软陶制作飞机的机翼，形状如图所示。

g

h

point

飞机的颜色大家可以根据自己的喜好去选择。猴子酱比较喜欢这样的高级灰色调，所以在饰品方面，都选用这种低调又文艺的颜色，不知道大家喜不喜欢？

74

小喵,
来一段 "伏而塔"
吧！让我也感受一把
皇室风范。

我只会走猫步~

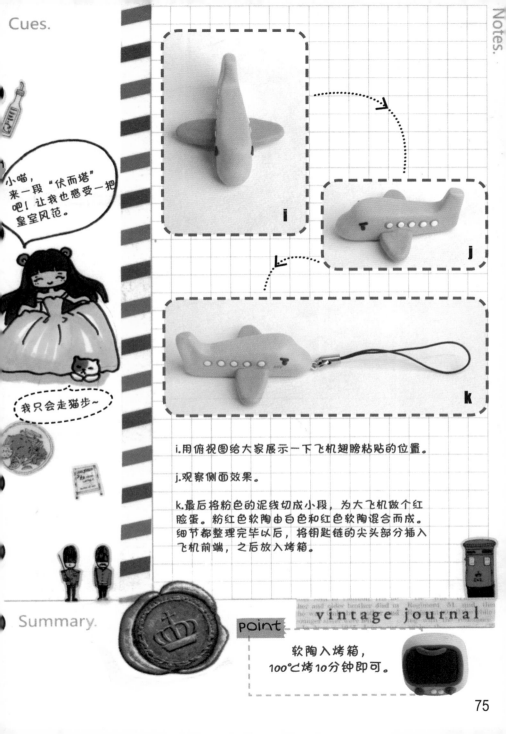

i.用俯视图给大家展示一下飞机翅膀粘贴的位置。

j.观察侧面效果。

k.最后将粉色的泥线切成小段，为大飞机做个红脸蛋。粉红色软陶由白色和红色软陶混合而成。细节都整理完毕以后，将钥匙链的尖头部分插入飞机前端，之后放入烤箱。

point

vintage journal

软陶入烤箱，
100℃烤10分钟即可。

LOVE LOVE

大家好，我是一直坚信海里有美人鱼的猴子酱。

前些日子去了位于日本大阪府号称世界最大海洋馆的"海游馆"，它位于大阪府的港区，除了日本当地人，也有全世界各地的海洋生物爱好者来到这里。猴子在那里看到了一个巨大的鱼缸，里面模仿了海洋生物的生存环境，可以360°无死角地观测各种海洋鱼类，真心激动！猴子酱心里是爱这些鱼儿的，希望他们自由，有时候会想如果全世界的海洋馆都不存在的话，鱼儿们就都自由了，但是看见海洋馆或者动物园的时候又想进去看看可爱的鱼儿们，好矛盾呀！难道爱就让它自由，只是一个美好的愿望？

# 希望你自由——

## 小鲸鱼项链

**step 1**

准备工作:
1. 白色、蓝色、红色、黑色粘土
2. 万能棒、手工项链、9字针

**step 2**

**step 3**

**step 4**

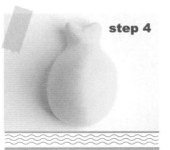

step 1 小鲸鱼身体的颜色是用大量白色加上少量蓝色的软陶调成的。将其揉成一头大一头小的椭圆形。

step2 小的一端是尾巴,让它微微上扬,大的一头整理成平滑的圆形。

step 3 用万能棒将尾巴的中间压出凹槽。

step 4 用手将尾巴整理成图中的效果。

Dolphin Dance

77

### step 5

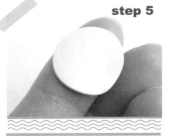

### step8

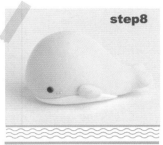

### step 6

### step9

### step 7

step5 将白色的软陶压成圆形扁片，作为鲸鱼的肚皮。

step 6 将圆形扁片粘贴在身体的底部。

step 7 给鲸鱼添加黑色的眼睛和粉红脸蛋粉色是由白色和红色混合而成的。

step 8 用与身体颜色一样的软陶制作两侧的鱼鳍。

step 9 用细节笔在头顶端点出喷气孔。

### point

大家创作粘土作品时应多观察，多去看看它们真实的状态，然后在创作的过程中对它们的特点进行归纳，这样有助于对自己进行独立创作的训练。

step10 接下来制作粉红色心形。粉红色是用白色加少量的红色调成。心形的制作步骤可参见本书第11页"love love项链"教程中的具体讲解。

step 10

step 11 将g字针穿过心形。

step 12 然后再将g字针穿过鲸鱼的气孔，形成喷射心形的效果。

这只可爱的小鲸鱼就制作完成了。

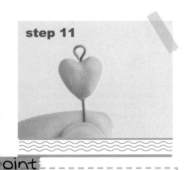

step 11

step 12

oint

软陶入烤箱，
100℃烤20分钟即可

在海游馆里还有一个开放的鱼池，小朋友可以触摸里面温顺的海洋鱼类，好多小朋友都在那里与鱼儿们亲密接触，感觉好温馨！不过猴子酱还是更希望它们回到大海去，所以我的下一个目标是去考潜水证，这次换我走进它们的世界。等我啊，鱼儿们！

至少在我的世界里，你自由啦！

1 2 3 4
5 6 7 8
9 10 11 12

白马王子 P82
——独角兽摆件

西瓜，西瓜！
一起过夏！
——西瓜耳钉

P86

P89

下午茶时光
——猫咪甜甜圈摆件

| Thursday 四 | Friday 五 | Saturday 六 | Sunday 日 |
|---|---|---|---|

太阳出来吧，
扫晴娘在这里！
——手机链

P92

P95

吃糖么？
——糖果窗帘装饰

uto!!

夜观天象 P98
——彩色小飞碟摆件

# 白马王子
## ——独角兽摆件

大家好呀，我是进游乐园一定要玩旋转木马的猴子酱！

有没有人和我一样呢？而且我有白马王子情结，一定要坐白色的木马，嘻嘻！
今天我们来升级一下，做一只白色独角兽摆件。

准备工作：
1. 白色、棕色、黄色、黑色、肤色、绿色、蓝色粘土
2. 粘土用腮红

1. 首先来制作独角兽的头部，将白色的粘土揉成椭圆形。

2. 将中部压出凹槽。

3. 用细节笔点出鼻孔。

4. 揉两个黑色小泥粒作为眼睛贴在头部。

5. 将白色粘土捏成两个水滴形作为耳朵。

6. 耳朵内添加肤色粘土，用万能棒在宽的一端压出凹痕。

7. 将耳朵粘贴在头部的两侧，再用粉状的腮红在眼角下方涂出红脸蛋。

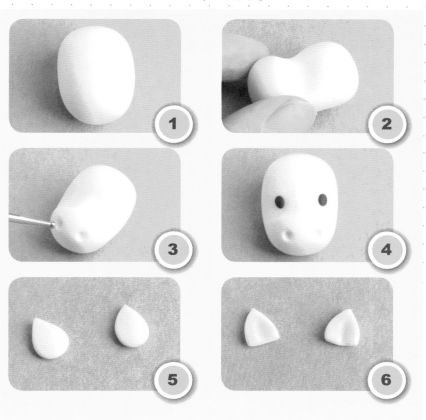

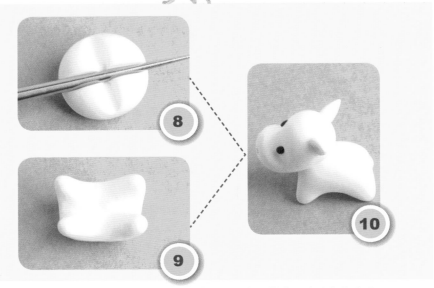

8. 捏出一块白色圆形粘土，用万能棒采用十字压花法制作独角兽的腿。

9. 将压出来的区域分别朝四个方向进行拉伸。

10. 将头部和身体粘贴在一起。

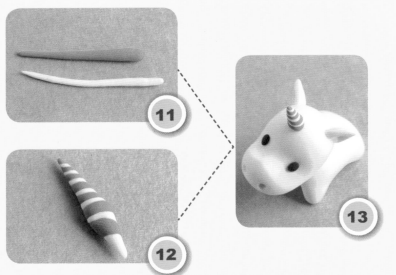

11. 用绿色和蓝色混合出青色，将青色和白色的粘土分别操成一头是尖的，且由细到粗的泥条。

12. 将两种颜色的泥条拧在一起。

13. 将尾端多余的部分剪去，贴到头顶。

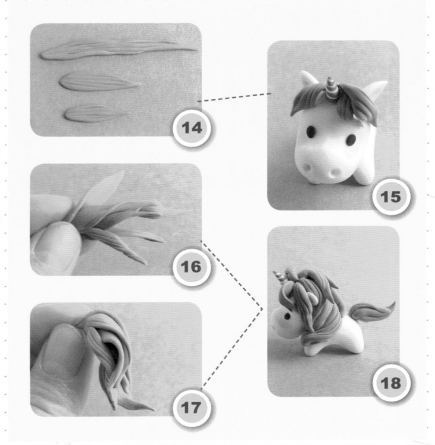

14. 鬃毛用棕色和黄色混合成金棕色粘土制作，做出3条长短不同的泥条，用刀形工具压出独角兽鬃毛的纹理。

15. 将短的鬃毛粘贴在靠近额头的位置，长的粘贴在背部。

16. 再做出几组长短不同的鬃毛，将它们的一端拧在一起，用来制作独角兽的尾巴。

17. 按图中效果整理出尾巴摆出飘逸的状态。

18. 将做好的独角兽尾巴粘贴到独角兽屁股的上方，漂亮的独角兽就制作完成了。

白马王子你在哪里？

### point

制作毛发类的东西，一定要学会如何将其归纳成组，就好像漫画家画漫画人物的头发时也是先将头发分出前后组来，再将每组头发都画成不同的方向来体现动感，做粘土时在处理毛发时也是一个道理，先分组归纳，找出长短前后来，这样才不会乱了阵脚。

西瓜，西瓜！
一起过夏！
——西瓜耳钉

8 MONTH 5 DAY

SUMMER

加油！小喵，你也要为吃瓜贡献点力量啊！~

哈哈！我就是那个不吃西瓜就不算过夏天的猴子酱，这个夏天你吃西瓜了么？

小时候的我在吃西瓜时居然会被它那股清凉的味道弄得头晕晕的，但是现在已经完全爱上了这个感觉。

就算你是猫，也逃脱不了干体力活的命运……

为了能让大家挑到好吃的西瓜，猴子酱在这里给大家分享一些挑瓜秘籍：

唉~

啊~

1. 看。看瓜的表皮，好瓜表皮比较光滑。看瓜蒂是不是绿色的，并且不要买瓜蒂枯萎了的。还有就是纹理要清晰，深浅分明，肚脐向内凹陷，越深越好哦！

2. 听。如果你有力气把瓜抱起来的话就拍拍它，声音"咚咚"的是熟瓜，"嗒嗒"的是生瓜；听起来是"噗噗"声的瓜就算了，太熟了不好吃。如果它喊疼你就放下它吧，它成精了！哈哈……

 Sweet

准备工作：1. 草绿色、浅绿色、
       粉红色、红色、黑色软陶
    2. 耳钉托

**1**

首先将两种绿色的软陶搓成条状，深色的长，浅色的短。

**2**

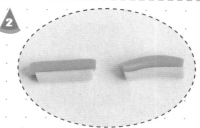

将两条绿色软陶叠加在一起。

**3**

再将粉红色的软陶捏成三角形。

**4**

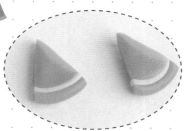

将三角形宽的一端与绿色的瓜皮粘贴。

**5**

用黑色的软陶捏出椭圆的小眼睛。用细节笔压出嘴巴。

**6**

用棕色软陶做瓜子，红色软陶做红脸蛋效果，再插上耳钉托，放入烤箱烤制。

各位看官，可以根据今天的教程拟人化地制作你喜爱的水果，把它们做成耳钉，戴上一定非常可爱!你要说你不喜欢吃水果，那也可以试着做其他的，总之，把你爱的小东西戴在耳朵上多有趣呀!

不说了，我去吃瓜了!

point

软陶入烤箱，
100℃烤10分钟即可

小喵，你看这个是你喔！我要吃喽，先咬小耳朵吧！

8 MONTH 6 DAY

# 下午茶时光

## —— 猫咪甜甜圈摆件

　　小时候总会一到下午就觉得肚子饿，然后悄悄到饼干罐里偷饼干吃，殊不知那竟是我下午茶的开端。长大了，便开始真正去享受下午茶的美妙。如果有三五好友一起喝茶，便要隆重许多，茶具要搭配茶，甜品自然也要和季节、茶香搭配，有时还会自己来做甜品。

　　如果是一个人的下午茶，那么随心找个舒服的位置，来点音乐或者抱着小喵，哪怕只是简单的甜品我也觉得无比惬意。还有那些美味又漂亮的饼干盒子都被我用来装上了各种杂货，这未尝不是一种甜蜜的收纳。

　　不知道大家有没有喝下午茶的习惯，猴子酱迷恋上下午茶仿佛更多地是被甜品美丽的外表所吸引，猴子酱其实不太能吃甜食，但是遇见可爱的甜品绝不放过。下午茶文化激发了许多甜点大师的灵感，他们总是能做出诱惑你味觉和挑逗你视觉的各式各样的甜品。

　　今天朋友给猴子酱带来了猫咪甜甜圈，特别可爱，简直和小喵长得一样，为这个，我也要将它变成今天的粘土主角。

准备工作：

1. 白色、棕色、黄色、黑色粘土
2. 粘土用腮红

89

Coffee
break

step1首先将白色的粘土搓成圆球。

step2用球形工具在中间压出凹槽，这个凹槽要压透。

step3用更小一些的球形工具整理凹槽边缘。

step4将白色的圆圈一端捏成小猫耳朵的样子。

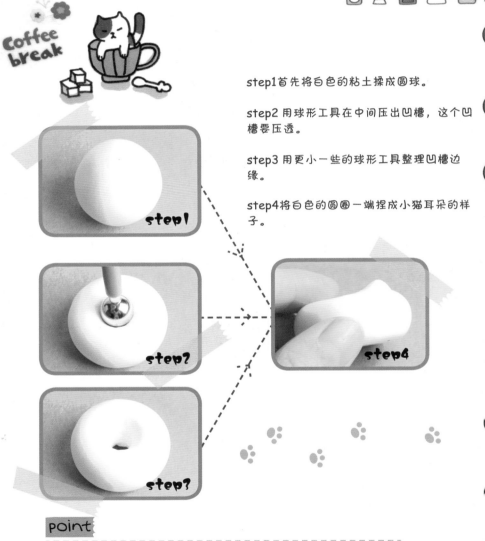

step1

step2

step4

step3

point

球形工具有8个头，使用合理会让作品看起来更加工整平滑。

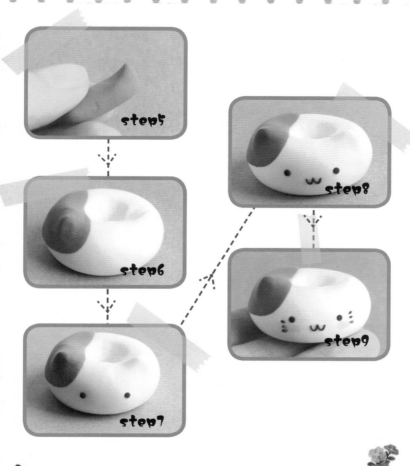

step5 用棕色粘土加黄色粘土混成金棕色粘土，然后捏出一个和白圈上一样大的猫耳朵。

step6 将棕色的粘土耳朵粘贴在白圈的另一侧，这里要将两个颜色的粘土捏合，一定要注意手指的力度，不要在添加耳朵的时候把圈圈捏扁了。

step7 用黑色的粘土做眼睛，位置如图。

step8 揉一根细细的黑色泥线，围成一个"W"形的嘴。

step9 用黑色小粘土粒制作猫的胡须，再将粘土腮红涂在眼角下方。可爱的猫咪甜甜圈就制作完成了。

# 太阳出来吧，
## 扫晴娘在这里！

——手机链

雨就这样一直下呀下呀，
第一天觉得很惬意，
第二天觉得很文艺，
第三天觉得很忧伤，
……

一直到第七天，
发现所有内裤都没干，
已经没得穿了……

今天我要做一只扫晴娘，
我就是要请太阳公公帮我把
小裤裤都晒干的猴子酱！

8 MONTH 7 DAY

吧嗒~吧嗒~吧嗒嗒~

# step1

准备工作：1. 白色、棕色、
红色软陶
2. 米白蕾丝缎带、
锯齿连接扣g字针

先用白色软陶制作一个圆球，
作为扫晴娘的头部。

# step2

用棕色软陶制作椭圆的眼
睛。

# step3

接着是眼睛下方的红脸蛋，
将红色软陶剪成小段粘贴而
成。

# step4

取出一块白色软陶，用球形
工具在底部压出一些凹槽。

# step5

顺着凹槽用万能棒压出裙子
被风吹起来旋转效果。

# step6

将头部和身体粘贴在一起，
扫晴娘就做好了。

## point

软陶入烤箱，
100℃烤20分钟即可

如果只是做成摆件停留在
step6就可以了，如果想做
挂件，那就插上g字针以后再
烧制，然后用连接口将蕾丝
缎带和扫晴娘连接起来。

是不是挺可爱的！
卷袖搴裳手持帚，挂向阴空便摇手。

93

大家好，我是能用粘土装饰一切的猴子酱。今天教大家另外一个实用的粘土装饰，那就是可爱的糖块窗帘装饰。这款颜色亮丽、造型特别的粘土糖块特别适合浅色的窗帘，或者是飘逸的纱帘，尤其在夏天时使用，会感觉整个房间里都充满了甜蜜的味道。

# 吃糖么？

## 8 MONTH 3 DAY ——糖果窗帘装饰

准备工作：

1. 黄色、白色、橘色、绿色粘土
2. 别针、丝带

**step1**

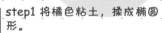

**step2**

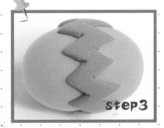

**step3**

**step4**

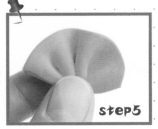

**step5**

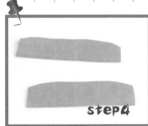

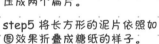

**step6**

step1 将橘色粘土，揉成椭圆形。

step2 将绿色粘土压成扁片，然后用刀片工具将其切成如图中的锯齿形。

step3 将做好的锯齿形绿色粘土包裹在橘色的椭圆形中部。

step4 再拿一些橘色粘土将其压成两个扁片。

step5 将长方形的泥片依照如图效果折叠成糖纸的样子。

step6 将折好的两片糖纸粘贴在椭圆形的两侧，效果如图。

好甜啊~

准备工作： ⌐ ⌐ ⌐ ⌐ ⌐ ⌐ ⌐ ⌐ ⌐

1. 黄色、白色粘土
2. 别针、丝带

sweet
things
↙ ↓

step1

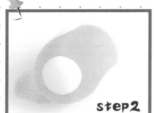

step2

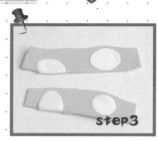

step3

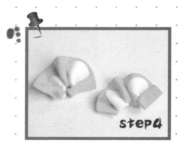

step4

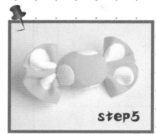

step5

step1 将黄色粘土揉成椭圆形。

step2 制作白色的圆形泥片粘贴在黄色的椭圆形糖块上。

step3 再拿一些黄色粘土将其压成泥片，在其上粘贴上白色的泥片。用刀形工具将其切成两个长方形。

step4 将装饰好的长方形泥片做出褶皱效果。

step5 将两片褶皱的泥片粘贴在糖块两端，黄色波点糖块就做好了。

**step1**

**step2**

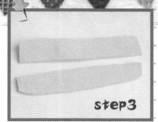

**step3**

step1 用大量的白色加上少量的绿色和蓝色制作成薄荷色。将薄荷色粘土揉成椭圆形。

step2 将做好的白色泥条缠绕在薄荷色泥球上。

step3 制作两个薄荷色长方形扁片。

**step4**

step4 将长方形扁片折成如图的褶皱形状。

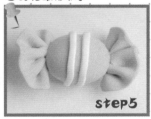

**step5**

step5 将两个泥片粘贴在糖块两端，形成糖纸拧起来的效果。

**step6**

step6 将做好的糖块别在蕾丝缎带上，糖块窗帘装饰就制作完成了。

HAVE A NICEDAY

准备工作：

1. 白色、绿色、蓝色粘土
2. 别针、丝带

**3**
薄荷糖

准备工作：

白色、蓝色、黑色粘土

**8** MONTH **3** DAY

**BLING BLING**

# 夜观天象

## ——彩色小飞碟摆件

大家好，我就是相信一定有外星生物，并且一听见关于不明飞行物的消息就兴奋的猴子酱。

今天就一起来做一个可爱的小飞碟吧！

快看，有一串不明飞行物悬浮在天上！

那是带彩灯的风筝线！

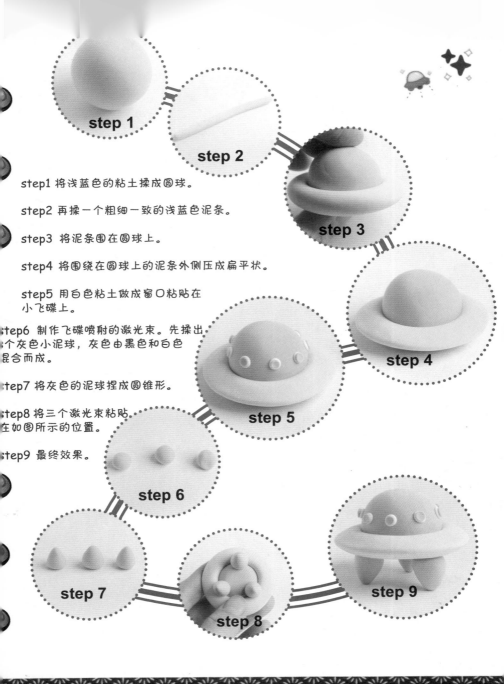

**step 1**

**step 2**

**step 3**

**step 4**

**step 5**

**step 6**

**step 7**

**step 8**

**step 9**

step1 将浅蓝色的粘土揉成圆球。

step2 再揉一个粗细一致的浅蓝色泥条。

step3 将泥条围在圆球上。

step4 将围绕在圆球上的泥条外侧压成扁平状。

step5 用白色粘土做成窗口粘贴在小飞碟上。

step6 制作飞碟喷射的激光束。先揉出个灰色小泥球，灰色由黑色和白色混合而成。

step7 将灰色的泥球捏成圆锥形。

step8 将三个激光束粘贴在如图所示的位置。

step9 最终效果。

| 1 | 2 | 3 | 4 |
| 5 | 6 | 7 | 8 |
| 9 | 10 | 11 | 12 |

# 开学季
—— 小象笔架

P 103

# 好好读书，天天向上
—— 爪爪书签

P 107

P 108
孵化小绒鸡
——钥匙链

# 你是我最爱的闺蜜
—— 小女孩儿发夹

P 111

# Relife
## ——小药丸耳钉
P112

橘子！橘子！最好吃！
——橘子耳环

P114

P116

## 骨灰级玩家
——怀旧游戏机PSP

不给糖就捣蛋！P118
——万圣节围扣

Study hard and make progress every day

9 MONTH 1 DAY

大家好！我就是经常找不到笔的猴子酱，哪怕上一秒还在用，走个神儿的工夫，笔就不见了，而且怎么找都找不到，直到我完全忘了它，不知道什么时候它又莫名其妙地出现了。所以有时候我觉得，我们家一定有家养小精灵，绝对的，否则不会出现这样离奇的事件，不知道大家有没有同感？

(⊙∨⊙)你说什么？只是因为我桌子太乱了……
那我们今天来做一个小象笔架，
看看笔还会不会不见了。

出来吧，
家养小精灵！

猴子，
你的笔又掉下来了！

Summary.

准备工作：

　1. 带银色亮片的粉色软陶
　2. 一支笔

103

step1 将软陶揉成圆球。

step2 将圆球一端拉长，这个拉长的部分是大象的鼻子。

step3 用万能棒在圆球的这一端用"十字压花法"压出四肢。

step4 将四肢拉伸出来。

step5 将大象的鼻子向上弯曲，这个步骤需要笔的辅助，用你常用的笔来确定弧度。

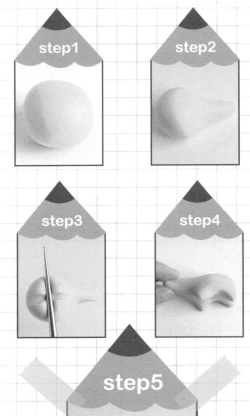

小精灵你藏哪儿了？出来和我们一起玩吧！

别理她，她就是个女神经！

**point**
Summary

做到这里，可能会有很多人有疑问，为什么我们一会儿用软陶，一会儿用超轻纸粘土？这里稍作解释。我们是根据制作物品的特性来决定使用什么材料的，如果是制作需要一定硬度的作品，比如这个小象笔架，用超轻粘土就不合适了，而如果只是单纯做摆件用超轻粘土就没有问题。

Yes! I CAN DO IT

step6 用黑色软陶做成小泥粒作为小象的眼睛，注意左右对称。

step7 看一下侧面效果。

step8 揉出两个分量大一些的软陶泥球，用来制作大象的耳朵。

step9 将泥球压成圆形扁片。

step10 将扁片粘贴在大象身体两侧，效果如图。

step11 最后粘贴一个小泥条做大象的尾巴。

将作品放入烤箱就可以了。

**point**

软陶入烤箱，
100℃烤20分钟即可

# 9

**MONTH** **2** **DAY**

准备工作:

1. 白色、棕色、红色粘土
2. 包纸骨架

6

8

12

1

16

18

24

a. 这种暖暖的米黄色不是用白色加黄色，而是用白色加上少量的棕色得来的。将米黄色的粘土揉成圆球。

b. 将粘土压成一端宽一端窄的椭圆形，用万能棒在宽的一端压出猫爪凹陷。

c. 用粉红色的粘土制作猫的肉垫。

d. 在原有的米黄色粘土的基础上加一点点棕色，来制作猫爪尖。

e. 最后将围成"U"字形的骨架插入猫爪，晾干后就可以使用了。

# 好好读书，天天向上

## ——爪爪书签

嘿！我是见到粉红色小肉爪就心里痒痒的、不摸受不了的猴子酱。

但是小喵不是想摸就能摸的存在，所以做只爪爪书签安慰一下自己，有同样癖好的你一起动手做吧！

那个不能吃!

eat

大家好! 我是鸡蛋被猫吃了却没处说理的猴子酱。表姐家送来可以孵出小鸡的鸡蛋,我正打算想办法让它们孵出小鸡来,结果,结果……

孵化——小绒鸡

**钥匙链**

准备工作:
1、黄色、橘黄色、粉色、黑色软陶。
2、g字针钥匙链

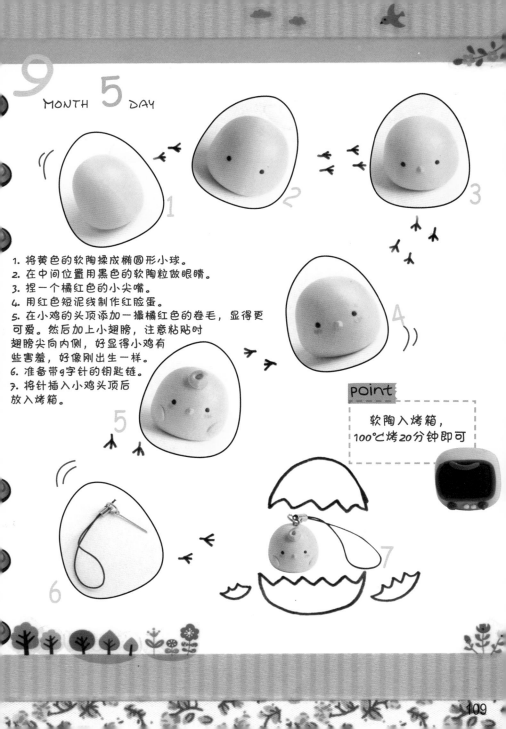

# 9 MONTH 5 DAY

1. 将黄色的软陶揉成椭圆形小球。
2. 在中间位置用黑色的软陶粒做眼睛。
3. 捏一个橘红色的小尖嘴。
4. 用红色短泥线制作红脸蛋。
5. 在小鸡的头顶添加一撮橘红色的卷毛，显得更可爱。然后加上小翅膀，注意粘贴时翅膀尖向内侧，好显得小鸡有些害羞，好像刚出生一样。
6. 准备带g字针的钥匙链。
7. 将针插入小鸡头顶后放入烤箱。

## point

软陶入烤箱，
100℃烤20分钟即可

准备工作：1. 肤色、棕色、白色粘土
　　　　　2. 腮红、发卡

## step1

step1 首先把肤色粘土
捏成椭圆形，作为脸部
的基础型。

step2 搓出两个
圆球做耳朵，用球
形工具压出耳窝。

### step2

step3 将做好的耳朵粘贴在头的
两侧。

### step3

### step4

step4 搓出一块椭圆的棕色泥片
用来制作头发。

### step5

step5 用剪刀剪出刘海的效果。

剪刀要是用那种小的尖头剪刀。
没有的话，可以用修眉毛的小剪
刀代替。

110

step7 再在头顶加两撮头
发，显得俏皮可爱。

step6 将做好的头发粘
贴在脸的上端。

step8 用三个球形组成
辫子。

step9 将做好的辫子粘
贴在耳朵下方，注意辫
子都朝外摆。

step10 在用黑色粘土细
线，制作五官，用细节
笔点出嘴巴。

step11 用白色的粘土制作
头发的高光效果，在脸颊
上扫上腮红。做好了，闺
蜜大人！

# 你是我最爱的闺蜜

—— 小女孩儿发夹

话说，性格好的软妹
子最受欢迎啊！

如果一个人在家的时候生病了，是多么无助和凄凉啊！不过还好，我是那
个拥有无敌救星、可爱贴心闺蜜的猴子酱，把病得晕晕乎乎的我拉回到人
间的恩情不能忘，今天就用闺蜜的形象做一个发卡吧，把她戴在最明显的
位置，表达我的满满谢意。希望你也有一个能救你于水火的好闺蜜。

NOTE
闺蜜已名花有
主，大家不要
"歪歪"了！

111

# ReLiFE

## 一小药丸耳钉

*Afternoon Tea Time*

9 MONTH 10 DAY

给我！给我！

喵！喵！

小喵，好奇害死猫你知道不？什么你都要抢啊，这是药，是药！

Hello！正在看书的你好么？我是希望自己永远17岁的猴子酱。

最近看了一部动漫《Relife》里面有一种药丸吃下去外貌就可以回到17岁，面对这种设定我总是能中招！

谁有药呀，
快来救救我，
我也要回到17岁！

不知道大家爱不爱看吸血鬼题材的片子，反正我好爱呀！好希望拥有一次初拥，然后就此青春不朽！不好意思啊，好像跑题了，脑洞有点大。

准备工作：
1. 白色、蓝色软陶
2. 耳钉托

point

软陶入烤箱，
100℃10分钟即可

Cues.

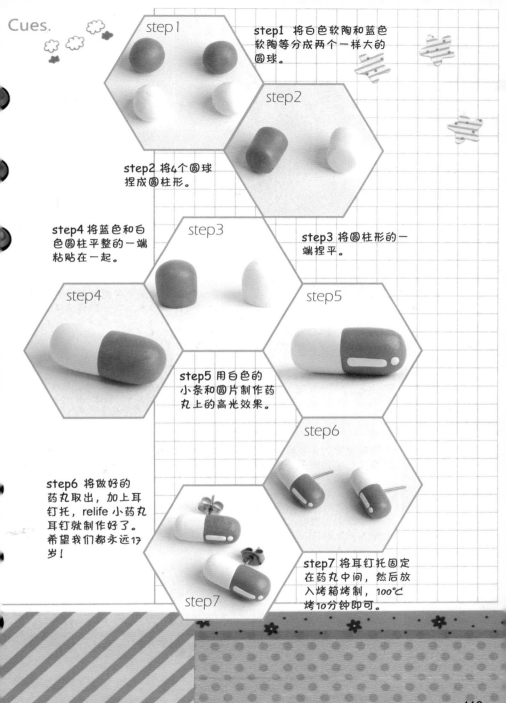

step1 将白色软陶和蓝色软陶等分成两个一样大的圆球。

step2 将4个圆球捏成圆柱形。

step3 将圆柱形的一端捏平。

step4 将蓝色和白色圆柱平整的一端粘贴在一起。

step5 用白色的小条和圆片制作药丸上的高光效果。

step6 将做好的药丸取出，加上耳钉托，relife 小药丸耳钉就制作好了。希望我们都永远17岁！

step7 将耳钉托固定在药丸中间，然后放入烤箱烤制，100℃烤10分钟即可。

来，乖，
不要动哦！

# 橘子！橘子！最好吃！

## ——橘子耳环

"橘子好吃，皮好剥！"（这里请用《冰糖葫芦》唱腔读）大家好，我是爱吃橘子的猴子酱，今天就把我最爱的水果之一做成耳环，天天戴着，一起来吧！

看到这里的朋友可能会发现，猴子酱做的东西好像都是为了纪念点什么。是的，猴子酱喜欢用粘土标记属于自己的独特符号，如果我是服装设计师，生活中可能多半会穿自己设计的衣服，可是猴子并没有那个能力，我只是一只会做一点粘土的猴子酱，所以粘土就成为我记录生活的工具，这样每当我看到自己的作品时，就又能回忆起当时的美好，因此每件粘土作品都是有生命的，它是猴子酱的岁月点滴，希望爱做粘土的你，也能让粘土为你记录生活，让自己成为一个更加热爱生活的人。

准备工作：

1. 橘色、橄榄绿软陶
2. 耳环勾

## point

软陶入烤箱，
100℃烤10分钟即可

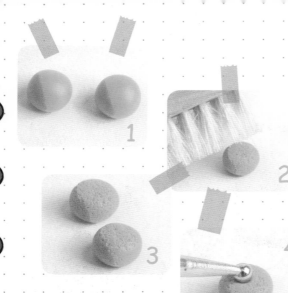

1. 将橙色软陶揉成两个大小一样的圆球。

2. 用鬃刷压出橘子皮的肌理。

3. 将两个圆球都压出肌理。

4. 用球形工具在一端压出凹陷。

在凹陷处填上圆形的绿色软陶片。

用棕色的软陶粒制作橘梗的效果，再用橄榄绿的软陶制作小叶子，叶子微微向上翘起。

把g字针剪短插入橘子梗的位置。

最后将耳环勾连接在g字针环上，之后放入烤可爱的橘子耳环就做好了。

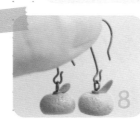

point

制作这样暖色调的首饰，猴子酱个人比较喜欢用复古铜色调的金属来搭配，这种搭配非常适合森系少女。

骨灰级玩家

——怀旧游戏机PSP

SWEET time

玩过掌机的你一定对它很有感情吧！

take out

10 MONTH 15 DAY

准备工作：

1. 白色、灰色、紫色粘土
2. 钥匙链

小喵采访中……

玩家猴子酱：大家还在么？

小喵：别那么没自信……

玩家猴子酱：嘿嘿，大家好！我就是只能在游戏里称霸，专门在游戏里找回自信的猴子酱。从卡机到掌上机再到手机，从单机版到网络版，从养成游戏到角色扮演，猴子简直是骨灰级玩家啊！

小喵：哪有这样的女孩儿！

玩家猴子酱：因为宅呀！打电游是我做粘土以外最耗时的运动啊（手指运动）。但大家别学我啊，还是要加强体育锻炼。注：小朋友跳过这篇，你们这个年纪要好好学习呀！

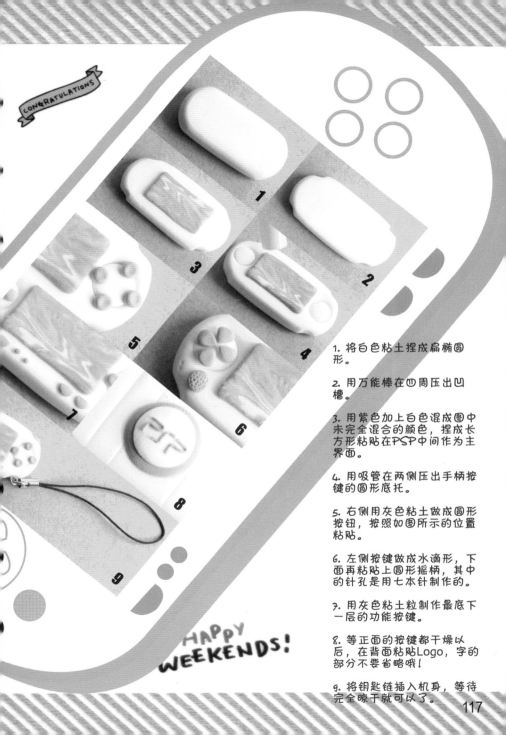

1. 将白色粘土捏成扁椭圆形。

2. 用万能棒在四周压出凹槽。

3. 用紫色加上白色混成图中未完全混合的颜色，捏成长方形粘贴在PSP中间作为主界面。

4. 用吸管在两侧压出手柄按键的圆形底托。

5. 右侧用灰色粘土做成圆形按钮，按照如图所示的位置粘贴。

6. 左侧按键做成水滴形，下面再粘贴上圆形摇柄，其中的针孔是用七本针制作的。

7. 用灰色粘土粒制作最底下一层的功能按键。

8. 等正面的按键都干燥以后，在背面粘贴Logo，字的部分不要省略哦！

9. 将钥匙链插入机身，等待完全晾干就可以了。

TO DO LIST

大家好，我是不给糖就捣蛋的猴子酱。现在万圣节越来越火爆了，大家对万圣节的日渐喜爱，很多人都开始组织和参加各种万圣节活动。今天猴子酱就教给女孩子们一个适合万圣节的、可爱又有气氛的装扮，那就是独一无二的万圣节纽扣。

不给糖就捣蛋
——万圣节纽扣

准备工作：

1. 黑色、白色、橘红色、棕色、紫色、金色软陶。
2. 扣子托

首先将黑色软陶铺平在扣子上，然后用白色的软陶制作鬼魂造型，用黑色的泥条制作眼睛，用细节笔挖出嘴巴，再用更细的黑线制作一只鬼魂小手，最后用粉红色的软陶装饰脸蛋。可爱的鬼魂万圣节扣子就制作完成了。

首先将黑色的软陶铺平在扣子上，然后用橘红色的软陶片做成南瓜的外形，接着用刀形工具压出南瓜的轮廓，再用棕色软陶制作南瓜的五官，最后用绿色软陶制作南瓜的瓜蒂。

首先将黑色的软陶铺平在扣子上，然后用紫色软陶制作巫师帽的帽檐和帽子尖，接下来用金色的软陶制作帽子上的装饰带，最后加上金色的带扣，万圣节巫师帽就制作完成了。

呜~~呜~~